发电企业安全教育培训教材

高处坠落防控

白泽光 等 编绘

U0260686

中国电力出版社
CHINA ELECTRIC POWER PRESS

内 容 提 要

本书为"发电企业安全教育培训教材"之一。

本书是针对防止高处作业人员不慎坠落造成人身伤亡事件而编写的，重点介绍了高处作业安全风险、脚手架上坠落防控、悬空坠落防控、临边坠落防控、洞口坠落防控、梯子上坠落防控、拆除工程坠落防控、踏穿不坚实作业面防控、高处作业安全措施、防止高处坠落事故的相关内容。

本书以培训电力行业一线员工的安全素质为目的，采用图文并茂的形式，通俗易懂、生动活泼、实用性强，贴近一线作业现场。

本书可作为电力行业一线工作人员、安全生产管理人员、安全监理人员的培训教材，也可作为大专院校安全专业课程的参考资料。

图书在版编目（CIP）数据

高处坠落防控 / 白泽光等编绘. — 北京：中国电力出版社，2017.5
发电企业安全教育培训教材
ISBN 978-7-5198-0688-0

Ⅰ.①高… Ⅱ.①白… Ⅲ.①火电厂-高空作业-伤亡事故-预防-安全培训-教材 Ⅳ.①TM08

中国版本图书馆CIP数据核字（2017）第078991号

出版发行：中国电力出版社
地　　址：北京市东城区北京站西街 19 号（邮政编码 100005）
网　　址：http://www.cepp.sgcc.com.cn
责任编辑：孙　芳（010-63412381）张　妍
责任校对：郝军燕
装帧设计：王英磊　赵姗姗
责任印制：蔺义舟

印　　刷：北京九天众诚印刷有限公司
版　　次：2017 年 5 月第一版
印　　次：2017 年 5 月北京第一次印刷
开　　本：880 毫米 × 1230 毫米 32 开本
印　　张：3.75
字　　数：89 千字
印　　数：0001-2000 册
定　　价：25.00 元

前　言

随着人们对人身安全的高度重视，"以人为本、生命至上、本质安全"的安全理念已深入人心，成为社会共识。国家对安全生产要求越来越严，企业面临的安全法律责任越来越大，迫切需要我们不断夯实安全管理基础，促进企业安全管理水平提升。而抓好企业安全培训工作是强化安全生产基础的有效方式，是提高员工安全意识和素质的有效手段。安全素质建设是企业安全生产的根之所系、脉之所维。

本系列教材针对电力生产现场存在的危险因素，以及作业过程中易造成的人身伤害事件，总结电力行业积累的现场实际经验，以培训员工安全素质为目的，以生产现场一线为抓手，以防控人身安全为重点，以控制和消除现场的危险因素为手段，按照事故类别的特点，采用图文并茂的形式，精心编制而成。本系列教材包括：高处坠落防控；起重伤害防控；触电防控；防火防爆和中毒窒息防控；物体打击和机械伤害防控；灼烫伤、坍塌、淹溺防控；道路交通、车辆伤害防控。

《高处坠落防控》是针对高处人员作业时，防止发生坠落事件而编写的，主要内容包括高处作业安全风险辨识，脚手架上坠落防控，悬空坠落防控，临边坠落防控，洞口坠落防控，梯子上坠落防控，拆除工程坠落防控，踏穿不坚实作业面防控，高处作业安全措施，防止高处坠落事故的相关内容。

本书为电力生产现场提供了内容丰富、系统全面、切合实际的培训资料和实用性手册，具有通俗易懂、生动活泼、实用性强、贴近实战等特点，可作为电力行业一线员工、安全生产管理人员、安全监理人员必备的培训教材，也可作为相关院校安全专业课程的参考资料。

由于作者水平有限，编写仓促，书中如有不妥之处，恳请读者提出宝贵意见和建议。

编者

2017 年 5 月

目　录

前言

安全生产风险管理最早由美国宾夕法尼亚大学所罗门·许布纳博士提出，其内容是指各经济单位通过识别、衡量、分析安全风险，并在此基础上有效控制安全风险，用经济合理的方法综合处置安全风险，实现最大安全保障的科学管理方法。

安全生产事故分类工作也始于美国。美国劳工统计局早在1920年出版了《工业事故统计标准方法》，1937年此方法获得美国标准局正式批准，名为《搜集编制工业事故原因的标准方法》，并历经1941、1962、1969、1973、1977年的多次修订和完善，确定为《记录工作中的人身伤害性质及过程的有关基础事实的记录方法》。以后，其他许多国家，诸如日本、法国、印度及苏联等的事故分类方法，虽在内容上不尽相同，但大多源自或仿效于美国。

我国现行的GB/T 6441—1986《企业职工伤亡事故分类》基本上是以美国标准为依据，在参考日本现行的事故分类方法的基础上形成的。该标准按照引起事故的起因物将伤亡事故分为20类：① 物体打击；② 车辆伤害；③ 机械伤害；④ 起重伤害；⑤ 触电；⑥ 淹溺；⑦ 灼烫伤；⑧ 火灾；⑨ 高处坠落；⑩ 坍塌；⑪ 冒顶片帮；⑫ 透水；⑬ 放炮；⑭ 火药爆炸；⑮ 瓦斯爆炸；⑯ 锅炉爆炸；⑰ 容器爆炸；⑱ 其他爆炸；⑲ 中毒和窒息；⑳ 其他伤害。

近年来，随着人们对安全生产风险管理的深入探讨和研究，认识到在生产活动中总会伴随着安全生产风险，安全生产风险是潜在的、随时

存在的，只有消除了安全生产风险，才能搞好安全生产，防止各类事故的发生。随着社会的进步，企业体制、机制改革的不断深化，人们思想认识水平的不断提升，对曾发生过的事故不断总结和分析，积累了大量的宝贵经验，对安全生产风险的认识也逐步加深，开始从传统的经验管理向现代的风险管理转变，从事后管理向预防管理转变。

发电企业人身安全生产风险管理工作是以预防为主，即通过有效的管理和技术手段，防止人的不安全行为、物的不安全状态出现，从而使事故发生的概率降到最低。其基本出发点源自生产过程中的事故是能够预防的观点。除了自然灾害以外，凡是由于人类自身的活动而造成的危害，总有其产生的因果关系，探索事故的原因，采取有效的对策，原则上讲就能够预防事故的发生。因为预防是事前的工作，所以正确性和有效性就十分重要。生产系统一般都是较复杂的系统，事故的发生，既有物的不安全状态的原因，又有人的不安全行为的原因，事先很难估计充分。有时重点预防的问题没有发生，但未被重视的问题却酿成大祸。为使预防工作真正起到作用，一方面要重视经验的积累，对既成事故和大量的未遂事故进行统计分析，从中发现规律，做到有的放矢；另一方面要采用科学的安全分析、评价技术，对生产中人和物的不安全因素及其后果做出准确的判断，从而实施有效的对策，预防事故的发生。

第一节　安　全　风　险

风险是指在某一特定环境下、某一特定时间段内，某种损失发生的可能性。换句话说，是在某一个特定时间段里，人们所期望达到的目标与实际出现的结果之间产生的距离称为风险。

风险由风险因素、风险事件、风险损失三个要素组成。

【案例】某厂工作人员在高处作业时未系安全带，未穿防滑鞋，作业中因脚手架板上有油不慎滑倒，从 3m 高处坠落，正好被地面上的钢筋穿透身体（见图 1-1），当场死亡。

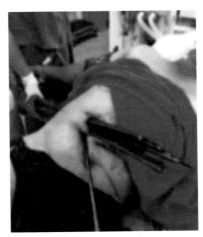

图 1-1　高处坠落事件

本案例中，高处作业、未系安全带、未穿防滑鞋、脚手架板上有油、坠落区域下方有钢筋棍均属于风险因素，如果控制好这些风险因素，就可以避免此类事故的发生。如果作业人员系好安全带，即使坠落，也不一定会造成人身伤害事件；如果作业人员穿好防滑鞋，即使有油，也不一定会滑倒坠落；如果脚手架板上没有油，作业人员也不一定会滑倒坠落；如果坠落区域下方没有钢筋棍，作业人员即使从 3m 高处坠落也不一定会死亡。

本案例中，高处坠落事件就是风险事件；当事人的死亡就是风险事件所导致的风险损失；原上班挣钱养家为目的与死亡的结果之间产生了巨大的距离，这就是风险。

可见，风险是指发生某种损失的可能性（概率）；事件是指风险的可能性转化成了现实性（结果）。风险作用链如图 1-2 所示。

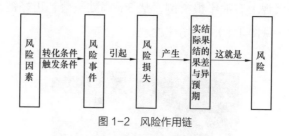

图 1-2　风险作用链

总之，风险因素的增加会导致风险事件发生的可能性增加，而风险事件的发生可能导致风险损失的出现。这就是风险要素之间的辩证关系。

第二节　作业风险辨识

任何一项作业总会存在各种各样的风险，作业全过程由若干个作业节点构成，如果将每个作业节点存在的风险辨识出来，并进行有效的防控，就完全可以保证作业全过程的安全。通常，辨识工作任务的主要作业节点有下达工作任务、接收工作任务、个体防护、作业现场、作业行为、作业结束。

一、下达工作任务

工作任务通常由上级给下级单位或本单位领导给下属工作人员下达，下达任务时应做好以下工作：

（1）必须考虑工作任务的可行性、安全性，工作量和工期，存在的风险及防控措施。

（2）下达人必须考虑接收人的工作能力，是否能胜任此项工作。

（3）下达人必须向工作负责人交代安全风险、安全措施及注意事项。

二、接收工作任务

接收工作任务通常由下级单位或下属工作人员接收，现场检修作业由工作负责人接收，接收任务时应做好以下工作：

（1）首先判断并确认在工期内能否完成此项工作任务。

（2）工作负责人必须考虑工作班成员的身体状况、专业技能，选定能胜任此项工作的人员。

（3）工作负责人必须分析此项工作存在的安全风险，制订有效的防控措施。

（4）工作负责人必须向工作班成员交代工作中存在的安全风险、安全措施及注意事项。

三、个体防护

接收工作任务、确定工作班成员后，进入作业现场前，工作负责人应做好以下工作：

（1）首先要针对工作任务、作业现场实际情况来分析作业过程中存在的风险，制订有效的防控措施，编制"危险点控制措施票"。

（2）工作负责人组织工作班成员讨论和学习"危险点控制措施票"内容，确认无误、无补充后，所有参加的工作班成员在票上签字。

（3）进入现场前，工作班成员必须要针对作业现场存在的风险，按照工种类别不同正确选用个体防护用品，做好保证人身安全的最后一道防线。同时，工作负责人必须逐一检查工作班成员的个体防护是否到位、安全可靠。

比如，在有可能中毒窒息的场所作业时，必须戴好防毒面具；在

高处作业时必须系好安全带、穿好防滑鞋；在有可能灼烫伤的场所作业时，必须穿好防烫伤工作服等。可见，作业前工作班成员必须针对工种类别、作业中接触介质的特性不同，正确穿戴好个体防护用品后，方可进入现场。这就是个体安全防护。个体安全防护装备见表1-1。

表1-1　　　　　　　　　个体安全防护装备

序号	作业场所	安全风险	个体防护装备
1	高处作业	坠落	安全帽、安全带、防滑鞋
2	起重作业	砸伤、挤伤、碰伤	安全帽、起重手套、防砸鞋
3	电气作业	触电	安全帽、绝缘鞋、绝缘手套
4	动火作业	灼烫伤	安全帽、焊工服、焊工鞋、焊工手套、焊工面罩
5	有限空间作业	吸入有害物	安全帽、防毒面具
6	喷涂作业	吸入有害物	安全帽、防尘口罩
7	打磨作业	飞溅物伤眼	安全帽、护目眼镜
8	搬运作业	砸伤、挤伤、碰伤	安全帽、防砸鞋、布手套

四、作业现场

全体工作班成员正确佩戴好个体防护用品，且经大家互检、工作负责人检查，确认防护装备无误后，方可进入作业现场。同时必须做好以下工作：

（1）进入现场前，工作负责人必须同工作许可人共同检查现场安全措施的布置情况，严格按照工作票内容逐项检查确认，保证现场布置的安全措施到位。

（2）工作班成员必须在工作负责人带领下方可进入现场。没有工作负责人带领不得进入作业现场。

（3）进入作业现场后，工作负责人必须同工作班成员共同检查作业现场的安全性，如照明是否充足、有无井坑孔洞、有无落物伤人的危险性、有无人员中毒窒息的可能性等，并对辨识出的风险进行防控，保证现场风险因素可控、在控，保证作业场所的绝对安全。

作业现场风险辨识见表 1-2。

表 1-2　　　　　　　　　　作业现场风险辨识

序号	作业场所	风险辨识要点
1	作业平台	（1）作业面是否平整、坚固，承载能力是否满足作业要求 （2）井、坑、孔、洞盖板是否盖严盖实 （3）不坚实作业面是否有防踏穿坠落措施 （4）斜坡面是否有防滑落措施
2	高处落物	（1）作业区域上方的高处作业面是否安装踢脚板 （2）作业区域上方的孔洞是否盖严盖实 （3）高处临边的堆置物是否过多、过高 （4）上下交叉作业的中间是否安装防护隔离层
3	作业场所	（1）有限空间场所是否通风良好，是否检测有害气体浓度 （2）易燃易爆场所是否有防火防爆措施，是否配备灭火器 （3）危险化学品场所是否有防灼烫、中毒、窒息措施 （4）电气作业场所是否有防触电措施 （5）动火作业场所是否有防火灾措施，是否配备灭火器 （6）起重作业现场是否设置警戒区域，设专人监护 （7）高处作业现场是否设置警戒区域，设专人监护
4	气体检测	（1）在有可能中毒窒息环境作业是否检测有害气体浓度，必要时可用活体小动物做试验确认 （2）在粉尘较大环境作业是否检测粉尘浓度 （3）在易发生火灾爆炸环境作业是否检测可燃气体浓度
5	环境温度	（1）在高温环境作业是否有防中暑措施 （2）在低温环境作业是否有防止冻伤措施 （3）在湿度大环境作业是否有防止触电措施
6	现场光线	（1）作业场所光线是否良好，能否满足作业要求 （2）夜间或光线不好时，现场照明是否良好
7	安全通道	（1）人行通道是否安装防护棚，通道畅通无阻塞 （2）施工通道是否平整、畅通、无阻塞 （3）消防通道是否平整、畅通、无阻塞

五、作业行为

（1）在保证作业场所安全防护到位、正确佩戴好个体防护用品的前提下，方准作业。

（2）作业中，作业人员必须严格执行《电力安全工作规程》《工作

票、操作票使用和管理标准》，规范作业人员行为，杜绝违章作业，才能保证作业人员的安全。

（3）作业中，如果发现工作班成员有违章行为时，必须及时纠正和制止，相互监督。

（4）工作负责人必须对现场作业安全性进行全程监护，不得失去监护。外包工程必须设双工作负责人。

▋六、作业结束

作业结束后，工作负责人必须做好以下工作：

（1）有限空间作业结束后，必须清点人数和工具，向内喊话，确认无人再关闭人孔门。

（2）动火作业结束后，必须收回气瓶、气带、电焊机等，清理火种和易燃物。

（3）电气作业结束后，必须断开电源，拆除接地线，收回用电设备和电缆等。

（4）最后清理检修现场，做到工完料尽场地清。

（5）工作负责人还必须向运行人员交代设备检修后的情况，如设备异动情况、保护定值整定情况、修后设备健康状态、能否正常投入运行等。

第三节　发电企业人身安全风险防控分类

本教材结合发电企业生产过程中的实际情况，筛选了与发电企业有关的事故类别，并针对事故类别，按照各专业特点及典型作业场所进行安全风险辨识与防控。发电企业人身安全风险防控分类见表 1-3。

表 1-3　　　　　　　　发电企业人身安全风险防控分类

序号	GB 6441—1986《企业职工伤亡事故分类》	人身安全风险防控类别
1	物体打击	物体打击防控
2	高处坠落	高处坠落防控
3	起重伤害	起重伤害防控
4	触电	触电防控
5	淹溺	淹溺防控
6	机械伤害	机械伤害防控
7	灼烫	灼烫伤防控
8	火灾	火灾防控
9	坍塌	坍塌防控
10	冒顶片帮	—
11	车辆伤害	车辆伤害防控
12	透水	—
13	放炮	—
14	火药爆炸	—
15	瓦斯爆炸	—
16	锅炉爆炸	爆炸防控
17	容器爆炸	
18	其他爆炸	
19	中毒和窒息	中毒和窒息防控
20	其他伤害	—

第四节　发电企业人身安全风险防控措施

发电企业是将一次能源（煤、水、风等）转换为二次能源（电能）的生产企业，如燃煤（油、气）发电、水力发电、风力发电企业等。在生产过程中，人们经常需要从事操作、维护和检修设备等各种各样的作

9

业，作业中总会伴随着各类安全风险，如果安全风险辨识不清、控制措施不到位，风险将会演变为事故。

发电企业开展人身安全风险辨识与控制，就是要引导员工在日常工作中，根据作业内容、作业方法、作业环境、人员状况中可能危及人身或设备安全的风险因素，采取有针对性的防范措施，预防事故的发生，同时不断提高全体员工的安全意识和自我保护意识，实现超前预防与控制事故。

近年来，人们对事故的发生原因进行了积极的探索，实践证明，任何一起事故的发生都不是单一原因的结果。同样，任何一类现场人身安全风险的控制也不可能依靠单一因素来解决。不论现场的作业人员及场所如何复杂，从安全风险的系统控制内容来看，都应包括个人能力要求、个体防护要求、安全作业现场、安全作业行为四个方面。本教材针对每一类人身安全风险均从这四个方面提出了相应的防控措施。

1. 个人能力要求

个人能力要求是指个人从事本项工作的自身能力，包括身体条件、文化程度、专业技能等。由于从事的专业或工种不同，对个人能力的要求也不同。作业人员在每次接收工作任务时，必须检查个人能力能否满足此项工作的要求，这是作业前的必备条件。

2. 个体防护要求

个体防护要求是指防御物理、化学、生物等外界因素对人体造成伤害所需的防护用品。通常情况下，采取安全技术措施消除或减弱现场安全风险是发电企业控制现场安全风险的根本途径。但是在无法采取安全技术措施或采取安全技术措施后仍然不能避免事故、危害发生时，就必须采取个体防护措施，如戴安全帽、防护眼镜、防护手套，系安全带、穿防护鞋、防护服等。由于工作任务或作业环境不同，对个体防护的要求也不同。作业人员进入现场前，必须根据工作任务或作业环境做好个体防护，并对照着装要求进行检查，保证满足作业现场的个体防护要求。

3. 安全作业现场

安全作业现场是对作业环境的安全基本要求，主要包括现场安全设施、安全警示标识、运行人员布置的安全措施、周边环境（井坑孔洞）等。作业前，必须对现场安全设施、周边环境（井坑孔洞等）及运行人员布置的安全措施进行检查，确认满足安全作业现场的基本要求时，方可作业。

4. 安全作业行为

安全作业行为是指人员从事作业过程中的安全行为。事故统计资料表明，由人的不安全行为引发的事故占 70% ~ 75%。规范现场作业人员行为是所有人身风险管控手段中内容最丰富、难度最大的工作。此项工作应以反"违章指挥、违章作业和违反劳动纪律"为突破口，同时加强对遵守安全生产规程、制度和安全技术措施、安全工艺和操作程序，人员资质与持证上岗等内容的监督管理，提高作业人员的安全意识，建设企业安全文化，杜绝无知性违章和习惯性违章的发生。

（1）违章指挥。其主要是指生产经营单位的生产经营者违反安全生产方针、政策、法律、条例、规程、制度和有关规定指挥生产的行为。具体内容包括：不遵守安全生产规程、制度和安全技术措施，或擅自变更安全工艺和操作程序；指挥者未经培训上岗，使用未经安全培训的劳动者或无专门资质认证的人员；指挥工人在安全防护设施或设备有缺陷、隐患未解决的条件下冒险作业；发现违章不制止等。

（2）违章作业。其主要是指现场操作工人违反劳动生产岗位的安全规章和制度，如安全生产责任制、安全操作规程、工人安全守则、安全用电规程、交接班制度等以及安全生产通知、决定等作业行为。具体内容包括：不遵守施工现场的安全制度，进入施工现场不戴安全帽、高处作业不系安全带和个人防护用品不正确使用；擅自动用机械、电气设备

或拆改挪用设施、设备；随意爬脚手架和高空支架等。

（3）违反劳动纪律。其主要是指工人违反生产经营单位的劳动规则和劳动秩序，具体内容包括：不履行劳动合同及违约承担的责任，不遵守考勤与休假纪律、生产与工作纪律、奖惩制度、其他纪律等。

第五节　发电企业人身安全风险防控方法

电力生产安全管理工作实践证明，除了不可抗拒的自然灾害以外，任何风险都可以控制，所有事故都可以预防。多年来，广大发电企业在控制人身安全风险方面积累了大量的宝贵经验和方法，"三讲一落实"班组安全管理方法便是一种有效的方法。"三讲一落实"是指班组在组织生产工作过程中，在讲工作任务的同时，要讲作业过程的安全风险、讲安全风险的控制措施，抓好安全风险控制措施的落实，并将其归纳为"讲任务、讲风险、讲措施，抓落实"。开展"三讲一落实"活动已成为现场人身安全风险防控的重要方法。其工作流程如下：

1. 讲任务（见图 1-3）

班组在组织生产工作过程中，班长每天应根据当前生产任务、现场实际情况及天气变化合理地安排工作任务。讲任务环节的基本要求是：任务要说清，职责要讲透，工作范围要明确。

2. 讲风险（见图 1-4）

工作任务和工作班成员确定后，工作负责人应组织工作班成员进行风险辨识，要针对典型作业现场、典型作业点，对照"生产现场风险辨识表"，结合现场实际情况进行风险辨识，保证作业全过程的安全风险不漏项。讲风险环节的基本要求是：安全注意事项要全，风险辨识要细。

图 1-3 讲任务

图 1-4 讲风险

3. 讲措施（见图 1-5）

安全风险确定后，工作班成员应针对每个风险，从个人能力要求、个体防护要求、安全作业现场、安全作业行为四个方面，结合现场实际情况制订相应的防控措施。讲措施环节的基本要求是：安全措施及风险控制要切实可行，不讲空话。

4. 抓落实（见图 1-6）

开工前，必须检查确认现场安全措施的有效落实。作业中，工作班成员必须规范作业行为，避免无知性违章和习惯性违章行为的发生。

图 1-5 讲措施

图 1-6 抓落实

第二章 高处作业定义及分类

一、高处作业

1. 定义

（1）凡在坠落高度基准面 2m 及以上有可能坠落的高处进行的作业，均属于高处作业，如图 2-1 所示。

图 2-1　高处作业（一）

（2）虽然在 2m 以下，工作斜面坡度大于 45°，应视为高处作业，如图 2-2 所示。

图 2-2　高处作业（二）

（3）虽然在 2m 以下，工作平面没有平稳的立脚地方，应视为高处作业，如图 2-3 所示。

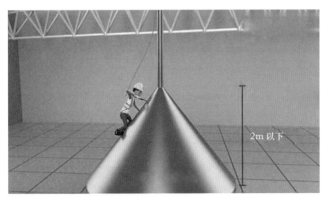

图 2-3　高处作业（三）

（4）虽然在 2m 以下，有震动的地方，应视为高处作业，如图 2-4 所示。

（5）坠落高度基准面是指从作业位置至最低坠落着落点的水平面。

2. 分级

按照高处作业的高度不同分为四级。

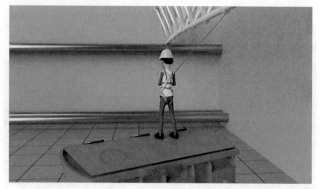

图2-4　高处作业（四）

（1）一级高处作业。指高度在 2 ～ 5m（含 2m）高处的作业。

（2）二级高处作业。指高度在 5 ～ 15m（含 5m）高处的作业。

（3）三级高处作业。指高度在 15 ～ 30m（含 15m）高处的作业。

（4）特级高处作业。指高度在 30m（含 30m）以上高处的作业。

3. 分类

高处作业分为临边、洞口、攀登、悬空、交叉五种类型。

（1）临边作业。工作面边沿无围护设施或围护设施高度低于 80cm 时的高处作业。例如，平台临边作业、屋顶临边作业，如图 2-5 所示。

（2）洞口作业。深度在 2m 及以上的孔洞边沿上的作业。在水平方向的楼面、屋面、平台等上面短边小于 25cm（大于 2.5cm）的称为孔，大于或等于 25cm 的称为洞。例如，施工预留的上料口、通道口、起吊口等。如图 2-6 所示。

（3）攀登作业。借助建筑结构、脚手架、梯子或其他登高设施上的作业。例如，在高压铁塔上作业。如图 2-7 所示。

（4）悬空作业。在周边临空状态下的高处作业。其特点是在操作者无立足点或无牢靠立足点条件下进行高处作业。例如，吊篮内作业。如图 2-8 所示。

图 2-5 临边作业 图 2-6 洞口作业

图 2-7 攀登作业

图2-8 悬空作业

（5）交叉作业。在施工现场的上下不同层次，于空间贯通状态下同时进行的高处作业。例如，脚手架上有人作业的同时，架下也有人作业。如图2-9所示。

二、高处坠落

1. 定义

（1）高处坠落。由于危险势能差引起的伤害，包括从架子、屋架上坠落以及平地坠入坑内等。

（2）坠落高度。从作业位置至坠落基准面的垂直距离。

（3）可能坠落范围。以作业位置为中心，可能坠落范围半径为半径划成的与水平面垂直的柱形空间。

图 2-9 交叉作业

2. 坠落半径

人、物体由高处坠落时，因高度不同其可能坠落范围半径也不同。如图 2-10 所示。不同高度 h 其坠落半径 R 分别为：

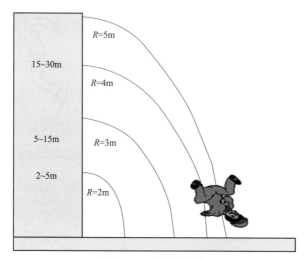

图 2-10 高处坠落半径

当高度 h=2 ～ 5m 时，坠落半径 R 为 2m；

当高度 h=5 ～ 15m 时，坠落半径 R 为 3m；

当高度 h=15 ～ 30m 时，坠落半径 R 为 4m；

当高度 h>30m 以上时，坠落半径 R 为 5m。

3. 安全带"钟摆效应"

如果安全绳没有垂直地固定在工作场所上方，发生坠落时将使人在空中出现摇摆，并可能撞到其他物体上或撞到地面造成伤害。所以，开始工作前，挂设安全带时必须充分考虑"钟摆效应"。如图 2-11 所示。

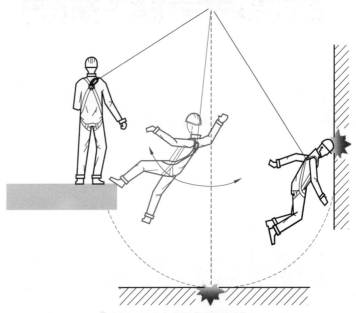

图 2-11 安全带"钟摆效应"

高处作业安全风险辨识

▎一、高处作业安全风险辨识要点

高处作业属于特种作业，具有危险因素多、危险性大、事故频发等特点，作业中如果防护不当就有可能会造成坠落事故的发生，严重威胁着作业人员的生命安全，为了防止此类事故的发生，作业前必须对现场作业进行风险辨识，并进行有效防控，才能保证作业全过程中的人身安全。高处作业安全风险辨识要点见表 3-1。

表 3-1　　　　　　　高处作业安全风险辨识要点

序号	辨识内容	风险辨识要点
1	作业人员	（1）搭拆脚手架人员是否持有"特种作业操作证"（登高架设作业） （2）高处作业人员身体是否健康，有无高处作业禁忌症 （3）高处作业人员是否佩戴检验合格的个体防护
2	脚手架	（1）脚手架搭设是否规范和牢固 （2）作业平台是否满铺脚手板，是否安装防护栏杆和踢脚板 （3）脚手架是否有爬梯 （4）脚手架连墙件是否牢固可靠 （5）脚手架是否验收挂牌，架体结构改变是否重新验收 （6）架体承载能力是否满足要求，是否存在超载使用现象
3	悬空作业	（1）是否使用检验合格的吊篮，安全装置是否齐全可靠 （2）是否安装挂安全带的专用安全绳，安全绳上是否安装安全锁 （3）安全带是否挂在安全绳上 （4）吊篮作业区域下方是否设置警戒区域，挂安全警示牌 （5）吊篮是否单人作业 （6）吊篮内是否使用梯子、凳子、垫脚物等垫高作业 （7）是否使用自制吊篮或用起重机吊吊篮 （8）大风天气是否使用吊篮作业 （9）超高空作业是否采用摄像头进行监控管理

序号	辨识内容	风险辨识要点
4	登高作业	（1）是否使用检验合格的登高设备（高空作业车、移动平台等） （2）登高设备的安全装置是否齐全可靠 （3）高空作业车支腿下是否垫放枕木或钢板垫 （4）移动平台是否完好无损 （5）在车斗内或移动平台内是否使用梯子、凳子、垫脚物等垫高作业 （6）工作人员是否系好安全带
5	高处作业面	（1）高处防护栏杆是否齐全可靠、有无缺失或损坏现象 （2）作业面是否坚固，承载能力是否满足安全要求 （3）作业面孔洞是否用盖板盖好 （4）不坚实作业面是否有防踏空措施 （5）作业面上堆置物是否超载，有无安全隐患
6	高处临边	（1）高处临边的作业面是否安装踢脚板，必要时安装防护栏杆 （2）在有可能坠落或掉物的临空面是否安装防护平网 （3）临边作业人员是否系好安全带，安全带挂在牢固结构架上 （4）在洞口临边、屋顶临边等作业是否系好安全带（绳），是否有防止坠落措施 （5）基坑临边是否安装防护栏杆，夜间是否设红灯警示 （6）结构梁（管）上作业是否安装水平安全绳，安全带是否挂在安全绳上 （7）是否存在违章作业现象
7	梯子作业	（1）是否使用检验合格的梯子，止滑脚是否完好无损 （2）梯子摆放是否牢固可靠，梯下是否有人扶持 （3）是否使用接长梯子或垫高梯子 （4）是否存在两人同登一梯现象 （5）是否存在违章作业现象
8	隔离区域	（1）作业场所是否设置安全警戒区域，挂安全警示牌 （2）高处作业下方是否有人逗留或通过

二、高处作业存在的安全风险

电力企业常见的高处作业有脚手架上作业、悬空作业、临边作业、洞口作业、移动梯子上作业、拆除作业、踏穿不坚实作业面作业，存在的主要安全风险有：

（1）登高禁忌症者从事高处作业，人员晕倒坠落，如图 3-1 所示。

（2）未系安全带或使用不合格安全带，如图 3-2 所示。

图 3-1　登高禁忌症者从事高处作业

图 3-2　未系安全带或使用不合格安全带

（3）高处作业层未设防护栏杆或防护栏杆不合格，人员踏空坠落，
如图 3-3 所示。

防护杆
不合格

图 3-3　未设防护栏杆或防护栏杆不合格

（4）脚手架无护栏、脚手板未铺满或跳板绑扎不牢等，人员踏空坠落，如图 3-4 所示。

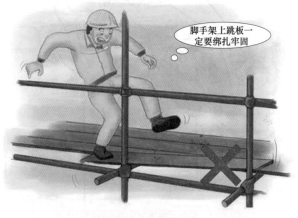

脚手架上跳板一
定要绑扎牢固

图 3-4　跳板绑扎不牢

（5）脚手架材质不合格、搭设不牢固或使用超载，架体坍塌坠落，如图 3-5 所示。

图 3-5　架体坍塌

（6）上下抛掷工具或物料，人员失稳坠落，如图 3-6 所示。

图 3-6　上下抛掷工具

（7）支撑物或垫高物不稳，人员失稳坠落，如图 3-7 所示。

图 3-7　支撑物或垫高物不稳

（8）悬空作业吊具（吊篮）断裂或不牢固，如图 3-8 所示。

图 3-8　吊具断裂

（9）基坑（槽）临边无防护栏杆或防护栏杆不合格，人员踏空坠落，如图 3-9 所示。

图 3-9 临边作业无防护杆

（10）在房（屋）顶临边作业无防护措施，人员失稳坠落，如图 3-10 所示。

图 3-10 房顶临边作业无防护措施

（11）在结构梁或管道上作业未系安全带，人员失稳坠落，如图 3-11 所示。

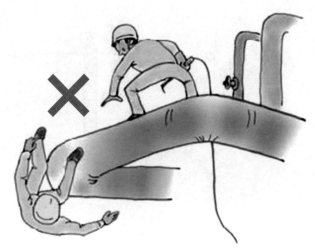

图 3-11 管道上作业未系安全带

（12）洞口盖板未盖实或无盖板，人员踏空坠落，如图 3-12 所示。

图 3-12 洞口盖板未盖实

（13）洞口盖板掀开后，未装设防护栏杆或设非刚性栏杆，人员踏空坠落，如图 3-13 所示。

图 3-13　洞口盖板掀开后未设防护栏

（14）使用不合格的梯子，或支放不当或无人扶持，人员失稳坠落，如图 3-14 所示。

图 3-14　梯子支放不当

（15）作业面（如石棉瓦、铁皮板等）强度不足，人员踩塌坠落，如图 3-15 所示。

图 3-15　作业面强度不足

（16）建构（筑）物爬梯平台上，踏蹬防护栏杆作业，身体失稳坠落，如图 3-16 所示。

图 3-16　踏蹬防护杆作业

（17）拆除工程无安全防护措施或拆除工序颠倒，建（构）筑物倒塌坠落，如图 3-17 所示。

图 3-17　建筑物倒塌坠落

（18）大雾、雨雪或 6 级及以上大风等恶劣天气室外高处作业。

第四章
脚手架上坠落防控

脚手架是专为高处作业人员搭设的临时架构。按搭设材质分为钢质脚手架、竹质脚手架、木质脚手架。目前经常使用的是钢质脚手架。在脚手架上作业可能发生坠落的人身伤害事件，称为脚手架上坠落。

▌一、作业现场要求

1.脚手架体的搭设基本要求（见图4-1）

（1）钢管采用外径为48mm、壁厚为3.0～3.5mm的焊接钢管或无缝钢管。钢管应平直，平直度允许偏差为管长的1/500；两端面应平整，不应有斜口、毛口。

（2）钢管脚手架扣件。扣件必须有出厂合格证明或材质检验合格证明。

（3）钢管脚手架铰链。用于搭设脚手架的不准使用脆性的铸铁材料。

（4）扫地杆。纵向扫地杆采用直角扣件固定在距基准面200mm内的立杆上；横向扫地杆则用直角扣件固定在紧靠纵向扫地杆下方的立杆上。

（5）立杆。立杆底端应埋入地下，遇松土或无法挖坑时必须绑设地杆。竹质立杆必须在基坑内垫以砖石。金属管立杆应套上柱座（底板与管子焊接制成），柱座下垫有垫板。立杆纵距应满足以下要求：

1）架高30m以下，单立杆纵距为1800mm；

2）架高为 30 ～ 40m，单立杆纵距为 1500mm；

3）架高为 40 ～ 50m，单立杆纵距为 1000mm，双立杆纵距为 1800mm。

（6）搭设时应超过施工层一步架，并搭设梯子，梯凳间距不大于 400mm。

（7）剪刀撑。与地面夹角为 45° ～ 60°，搭接长度不小于 400mm。

（8）施工层。设 1200mm 高防护栏杆，必要时在防护栏与脚手板之间设中护栏。设 180mm 踢脚板，踢脚板与立杆固定。

（9）脚手板。木质板厚不低于 50mm。脚手板应满铺、板间不得有空隙，板子搭接不得小于 200mm，板子距墙空隙不得大于 150mm，板子跨度间不得有接头。

（10）脚手架搭设。应装有牢固的梯子，用于作业人员上下和运送材料。

（11）安全网。施工层下面应设安全平网，外侧用密目式安全立网全封闭。

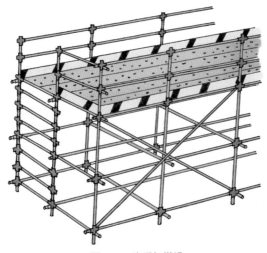

图 4-1　脚手架搭设

2. 脚手架的验收要求

搭设脚手架的过程中（未验收前），必须在架体上悬挂"脚手架禁用牌"警告牌。搭设结束后，必须履行脚手架验收手续，填写脚手架验收单，并在"脚手架验收单（见表 4-1）"上签字。验收合格后应在脚手架上悬挂"脚手架准用牌（见表 4-2）"，方准使用。

表 4-1　　　　　　　　　脚手架验收单

项目名称		搭设时间			
搭设单位		工作负责人			
搭设位置					
使用日期					
搭设单位验收意见	班组验收意见 签名： 日期：	使用单位验收意见	班组验收意见 签名： 日期：		
	车间验收意见 签名： 日期：		车间验收意见 签名： 日期：		
	部门（公司）意见 签名： 日期：		部门（公司）意见 签名： 日期：		
设备部意见	签名： 日期：	安监部意见	签名： 日期：		
厂（公司）领导意见	签名：　　　　日期：				
脚手架高度	5m 以下（ ）	5～15m（ ）	15～30m（ ）	30m 以上（ ）	
详细检查下列项目是否安全，符合要求					
栏杆		剪刀撑			
梯子		立杆的垫板			
横杆		脚手板			
立杆		安全通道			
扣件		踢脚板			
与建筑物连接		其他			
备注：					

表 4-2　　　　　　　　　脚手架准用牌

脚手架名称		脚手架编号	
搭建单位		搭建负责人	
验收单位		验收负责人	
使用单位		使用负责人	
承载能力（kN/m²）		使用期限	
延期期限		备注	

二、作业行为要求

（1）脚手架上的作业人员必须戴好安全帽、系好安全带、穿好防滑鞋。

（2）同一架体上的作业人数一般为 2 人，必须超过 2 人的情况下不得超过 9 人。

（3）安全带必须挂在架体高处，严禁低挂高用，如图 4-2 所示。

图 4-2　安全带必须挂在架体高处

（4）上下脚手架应走人行通道或梯子，严禁攀登架体，如图4-3所示。

图4-3 攀登架体

（5）严禁站在脚手架的探头板上作业，如图4-4所示。

图4-4 站在脚手架的探头板上作业

（6）严禁在脚手架上探身作业。

（7）严禁在脚手板上登在木桶、木箱、砖及其他建筑材料等作业。

（8）严禁在架子上退着行走或跨坐在防护横杆上休息，如图 4-5 所示。

图 4-5 跨坐在防护横杆上休息

（9）严禁在脚手架上抛掷工具、物料等。

（10）严禁在脚手板上聚集人员。

（11）架板上应保持清洁，随时清理冰雪、杂物等。严禁乱堆乱放物料等，如图 4-6 所示。

（12）遇大雾、雨、雪天气或 6 级及以上大风时，严禁在脚手架上作业。

图4-6 架板上乱堆乱放物料等

悬空作业是指在无立足点或无牢靠立足点的条件下进行的高处作业，或指在工作点活动面积小、四边临空的条件下进行的高处作业。悬空作业可能发生坠落的人身伤害事件，称为悬空坠落。发电企业常见的悬空作业场所有吊篮、高空作业车、炉内检修升降平台等。

一、吊篮

吊篮是悬挂机构设于建筑物上，提升机驱动悬吊平台通过钢丝绳沿立面升降运行的一种悬挂设备。它由悬吊平台、悬挂机构、提升机、安全锁、工作钢丝绳、安全钢丝绳、电控系统组成，如图 5-1 所示。

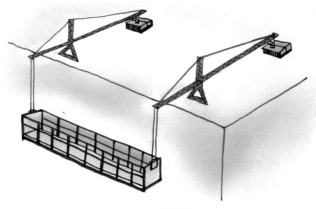

图 5-1　吊篮结构

（一）作业现场要求

1. 吊篮的安全基本要求

（1）必须使用具有吊篮生产许可证、产品合格证和检验合格证的产品，并有出厂报告。

（2）吊篮平台长度不宜超过 6000mm，并装设防护栏杆。靠建筑物一侧栏高不应低于 800mm，其余侧面栏高均不得低于 1100mm，护栏应能承受 1000N 水平移动的集中载荷。栏杆底部应装设高 180mm 踢脚板，如图 5-2 所示。

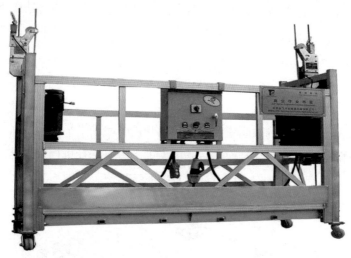

图 5-2　吊篮平台

（3）吊篮门应向内开，并安装有门与吊篮的电气联锁装置。

（4）悬臂机构的前、后支架及配重铁必须放在屋顶上，每台吊篮 2 支悬臂，配重应满足吊篮的安全使用要求。

（5）吊篮钢丝绳不应与穿墙孔、吊篮的边缘、房檐等棱角相摩擦，其直径应根据计算决定。吊物的安全系数不小于 6，吊人的安全系数不小于 14。

（6）使用手搬葫芦应装设防止吊篮平台发生自动下滑的闭锁装置。

（7）吊篮必须装设独立的安全绳，安全绳上必须安装安全锁，如图5-3所示。

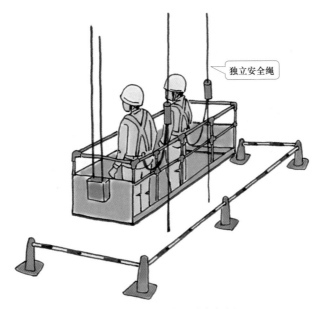

独立安全绳

图 5-3　吊篮必须装设独立安全绳

（8）吊篮必须装设上下行程限位开关和超载保护。

（9）电动提升机构应配有两套独立的制动器。

（10）操作装置应安装在吊篮平台上，操作手柄上应有急停按钮。

（11）吊篮平台应在明显处标明最大使用荷载。

（12）企业必须制订吊篮使用规定，并挂在现场。

（13）吊篮上的电气设备必须具有防水措施。

（14）超高空作业（如烟囱防腐等）必须装设摄像头监控，覆盖画面应包括吊篮作业面及吊篮承重架的关键部位，保证实时跟踪监控，如图 5-4 所示。

图 5-4 摄像头监控

2. 吊篮检验的基本要求

（1）吊篮安装结束后，必须由具有资质的单位进行检验。

（2）吊篮应做 1.5 倍静荷重试验及装载超过工作荷重 10% 的动荷重试验，采用等速升降法。

（3）吊篮升降试验正常，安全保护装置灵敏、可靠。

（4）吊篮检验合格，且出具检验报告后，方准使用。

（5）吊篮钢丝绳使用以后每月应至少检查 2 次。

（二）作业行为要求

（1）吊篮每天使用前，应核实配重和检查悬挂机构，并空载运行，确认设备正常。

（2）未取得"特种作业操作证"（高处作业）人员，严禁在吊篮内高处作业。

（3）吊篮内的作业人员必须穿好工作服、防滑鞋，如图 5-5 所示。

图 5-5 吊篮内的作业人员必须穿好工作服、防滑鞋

（4）吊篮作业下部区域内应设置警戒线，醒目处挂有"严禁入内"警示牌，并设专人看护，如图 5-6 所示。

施工重地
请绕行

图 5-6 吊篮作业下部区域设置警戒线

（5）严禁使用麻绳吊吊篮。

（6）吊篮上的操作人员应配置独立于悬吊平台的安全绳，安全带必须挂在安全绳上，严禁挂在吊篮上或升降用的钢丝绳上，如图 5-7 所示。

图 5-7　安全带挂在吊篮上

（7）吊篮内一般应 2 人作业，不得单独 1 人作业，如图 5-8 所示。

图 5-8　吊篮内单独 1 人作业

（8）作业人员必须在地面上进出吊篮，严禁空中攀爬吊篮，如图 5-9 所示。

图 5-9　空中攀爬吊篮

（9）吊篮内的人员和物料应对称分布，保持平衡，严禁偏载或超载使用，如图 5-10 所示。

图 5-10　吊篮偏载或超载

（10）作业人员必须佩戴工具袋，工具、零件、材料等应随手放入袋内。

（11）吊篮内严禁使用梯子、凳子、垫脚物等进行作业，如图 5-11 所示。

图 5-11　吊篮内使用梯子、凳子、垫脚物等进行作业

（12）不得将两个或几个吊篮连在一起同时使用，如图 5-12 所示。

图 5-12　将两个吊篮连在一起同时使用

（13）吊篮内焊接作业时，必须对吊篮、钢丝绳进行防护。严禁用吊篮作为电焊接地线回路，如图 5-13 所示。

图 5-13　吊篮内焊接作业时用吊篮作为电焊接地线回路

（14）吊篮在正常使用时，严禁使用安全锁制动。

（15）吊篮悬空突然停电时，应手动操作吊篮慢慢降落。严禁人为使用电磁制动器自滑降，如图 5-14 所示。

图 5-14　人为使用电磁制动器自滑降

（16）严禁使用自制吊篮，如图 5-15 所示。

图 5-15　使用自制吊篮

（17）严禁采用起重机械吊吊篮的方式进行作业，如图 5-16 所示。

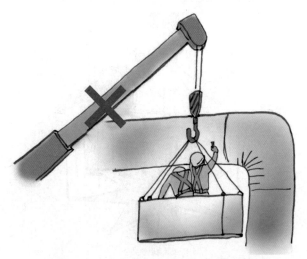

图 5-16　采用起重机械吊吊篮的方式进行作业

（18）吊篮作业现场的照明不充足时，严禁作业。

（19）收工时必须将吊篮降至地面，切断电源。严禁吊篮高空停放，如图 5-17 所示。

图 5-17　收工时必须将吊篮降至地面，切断电源

（20）遇雨雪、大雾、风力达 5 级及以上等恶劣气候时，严禁使用吊篮作业，如图 5-18 所示。

图 5-18　遇雨雪、大雾、风力达 5 级及以上等恶劣气候时，使用吊篮作业

二、高空作业车

高空作业车是指 3m 及以上能够上下举升进行作业的一种车辆，如图 5-19 所示。

图 5-19　高空作业车

（一）作业现场要求

（1）高空作业车的工作斗、工作臂及支腿应有反光安全标识。

（2）高空作业车应配备三角垫木 2 块、支腿垫木 4 块。

（3）作业区域内应设置警戒线，并设专人监护。

（4）作业停车位置应选择坚实地面，整车倾斜度不大于 3°，并开启警示闪灯。

（5）作业前应先将支腿伸展到位并放下，并在支腿下垫放枕木或钢板垫，如图 5-20 所示。

图 5-20　作业前准备

（6）坡道停车时，只能停于 7° 以内的斜坡，拉起手刹，且轮胎下支放三角垫木，如图 5-21 所示。

图 5-21　坡道停车

（7）坡道支支腿时，应先支低坡道侧支腿，后支高坡道侧支腿。收支腿时与此相反，如图 5-22 所示。

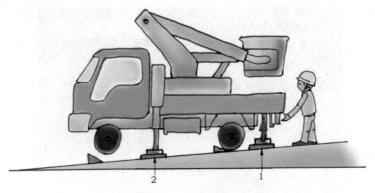

图 5-22　坡道支支腿
1—高坡道侧支腿；2—低坡道侧支腿

（二）作业行为要求

（1）高空作业车司机必须持有驾驶证、特种设备作业人员证。

（2）吊装前应先支好支腿、试车，确认设备正常。

（3）在高压电气设备上作业时，车体必须可靠接地，并设电气人员监护，如图 5-23 所示。

图 5-23　在高压电气设备上作业

（4）高空作业车的工作斗内不得超过 2 人。

（5）安全带必须挂在工作斗内的安全搭扣上，如图 5-24 所示。

图 5-24　安全带必须挂在工作斗内的安全搭扣上

（6）工作斗内不得使用梯子、凳子或垫脚物等，不得踩踏在工作斗上作业，如图 5-25 所示。

图 5-25　踩踏在工作斗上作业

（7）严禁超载使用。

（8）工作结束后必须将工作斗、工作臂复位，收起支腿。严禁工作斗悬在高空。

（9）遇雨雪、大雾、风力达 5 级及以上等恶劣气候时，严禁作业。

三、炉内升降平台

炉内升降平台是专为炉膛内检修或检查设备所搭设的升降工作平台（简称炉内平台）。炉内平台由主平台、提升装置、安全保护装置、电气系统等组成。

（一）作业现场要求

1. 炉内平台搭设基本要求

（1）平台框架。主、副梁应满足承重要求，不得有变形、开焊或开裂，连接螺栓孔不得有扩大变形，且连接紧固。

（2）主平台。脚手板应满铺平整，用压板压实；平台临空侧应装设防护栏杆，平台周边装设限位导向轮。

（3）提升装置。

1）钢丝绳。钢丝绳与平台垂直固定，不得与穿墙孔、吊篮的边缘、房檐等棱角相摩擦，距作业点较近的地方应用石棉布等隔绝材料缠绕绑扎，不得扭结使用。吊物的安全系数不小于 6，吊人的安全系数不小于 14。

2）导向滑轮必须安装牢固，且滑轮与钢丝绳导向顺畅。

3）钢丝绳与搭好的炉膛脚手架连接应采用不少于 3 个绳卡固定牢固。

（4）卷扬机。必须固定在牢固的地锚或建筑物上，固定处耐拉力必须大于设计荷重的 5 倍。钢丝绳端部与滚筒固定牢固，滚筒上钢丝绳的安全圈不少于 5 圈。并装设防止钢丝绳滑脱滚筒保护装置及安全制动装置。

（5）安全保护装置。

1）装设断绳保护器。

2）装设超载保护。

3）装设上下限位器。

4）在炉膛外部的固定端必须引出独立安全绳，安全带挂在安全绳上。

（6）电气设备。

1）电源必须装有自动空气开关和剩余电流动作保护器，容量应满足要求。

2）操作装置应安装在炉内平台上，操作手柄上应有急停按钮。

3）炉内照明必须充足，满足炉内平台作业的要求。

4）炉内平台的电气操作盒必须做好防水措施，如图 5-26 所示。

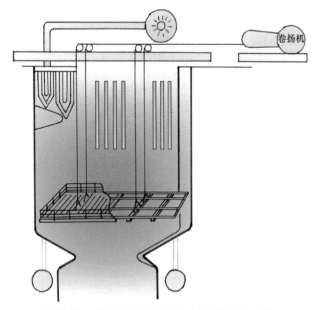

图 5-26　炉内平台的电气操作盒必须做好防水措施

2. 炉内平台检验基本要求

（1）炉内平台搭设结束后，必须经搭设单位、使用单位、设备管理部门、安全监察部门、总工程师及以上厂级领导进行验收。必要时应由质量技术监督部门进行验收，合格后方准挂牌使用。

（2）炉内平台必须做额定起重量 125% 的静载试验和 110% 的动载试验。

（3）炉内平台钢丝绳使用以后每月应至少检查 2 次。

（二）作业行为要求

（1）炉内平台应由有资质单位搭设，搭设人员应持有"特种设备作业人员证"。

（2）搭设炉内平台时，严禁上下交叉作业，如图 5-27 所示。

图 5-27　搭设炉内平台时，上下交叉作业

（3）在炉内平台上作业时，必须佩戴工具袋。严禁上下抛掷工具或材料，对大件工具、材料应用绳子系牢传递，如图 5-28 所示。

图 5-28　在炉内平台上作业时，必须佩戴工具袋

（4）炉内平台上的作业人员必须佩戴安全带。安全带挂在安全绳上，严禁挂在平台上，如图 5-29 所示。

图 5-29　正确使用安全带

（5）在使用炉内平台过程中遇有卡涩现象时，必须立即停止升降，查明原因、及时处理。

（6）炉内平台上的作业人数不应超过 9 人，严禁 1 人独自在炉内平台上作业。

（7）未经操作人许可，任何人不得随意进入炉内平台上，如图 5-30 所示。

未经操作人许可，任何人不得随意进入炉内平台上

图 5-30　进入炉内平台

（8）炉内平台上有人作业时，必须设专人监护。卷扬机处也应设专人监护，且保证通信畅通，如图 5-31 所示。

（9）炉内平台验收合格后，任何人不得擅自变动其结构，必须变动时应重新履行验收手续。

（10）进入炉内平台前，应检查燃烧室内大块焦渣情况，及时清除落在平台上的灰焦渣。

（11）炉内平台的操作盒电缆不得拖曳、磨损，如图 5-32 所示。

图 5-31 炉内平台作业设专人监护

图 5-32 拖曳炉内平台的操作盒电缆

（12）炉内平台使用前必须试车，保证刹车装置、安全装置及各限位器灵敏可靠。

（13）炉内平台上堆积材料或物品不得超载，更不得集中堆放，如图 5-33 所示。

图 5-33　炉内平台上超载堆积材料或物品

（14）炉内平台上不得放置检修电源箱、电焊机、氧气和乙炔气瓶等，如图 5-34 所示。

电源箱

电焊机

图 5-34　炉内平台上放置检修电源箱、电焊机、氧气和乙炔气瓶等

（15）拆除炉内平台时，应按顺序拆除，拆下的材料应随时运出炉膛。

（16）拆除后的炉内平台组件须做全面检查，对有缺陷、损伤的及时处理，并妥善保管。

第六章 临边坠落防控

　　临边作业是指工作面边缘没有围护设施或围护设施高度低于800mm时的高处作业，例如沟、坑、槽边，深基础周边，屋面边等。在临边处作业可能发生坠落的人身伤害事件，称为临边坠落。发电企业常见的临边作业有基坑（槽）临边作业、屋（楼）面檐口作业、爬梯平台上作业、构架梁（管）上作业。

▌ 一、基坑（槽）临边作业

（一）作业现场要求（见图6-1）

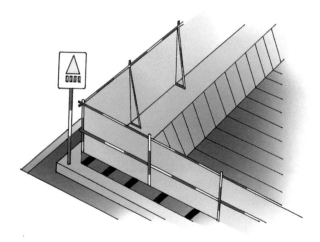

图6-1　基坑（槽）临边作业

（1）基坑临边防护一般采用钢管（$\phi 48 \times 3.5$）搭设带中杆的防护栏杆。

（2）立杆。立杆与基坑边坡距离不小于500mm，高度为1200mm，埋深500～800mm。

（3）横杆。上杆距地高度为1200mm，下杆距地高度为600mm。

（4）踢脚板。防护外侧设置高180mm踢脚板。

（5）防护围栏外侧悬挂安全警示牌，必要时内侧满挂密目安全网。

（6）夜间设红灯示警。

（二）作业行为要求

（1）基坑（槽）开挖临边必须设置牢固的防护栏杆，严禁用绳子、布带等软连接围成，如图6-2所示。

图6-2 基坑开挖临边设置牢固的防护栏杆

（2）基坑（槽）开挖必须采取放边坡或支护等方法，防止临边坍塌坠落，如图6-3所示。

图6-3 基坑开挖防止临边坍塌

（3）上下基坑（槽）必须使用马道或专用梯子，严禁攀登水平支撑或撑杆，如图 6-4 所示。

图6-4 上下基坑使用马道

（4）严禁人员坐靠在防护栏杆上，如图 6-5 所示。

图6-5　人员坐靠在防护栏杆上

二、屋（楼）面檐口作业

屋（楼）面檐口作业是指在建筑物的屋（楼）顶边缘处从事的作业。

（一）作业现场要求（见图6-6）

（1）屋（楼）顶边防护栏杆一般采用钢管（$\phi 48 \times 3.5$）搭设，采用三道防护栏杆。

（2）立杆。立杆距屋面边不小于500mm，高度不小于1200mm，立杆间距不大于2000mm。

（3）横杆。上杆距地高度为1200mm，中间杆距地高度为600mm，下杆距地高度为150mm。

（4）踢脚板高度为180mm。

（5）在屋面四角临边设45°斜杆各4根，下部与预埋件连接。

（6）坡度大于1∶2.2的屋（楼）面，防护栏杆距地高度为150mm，横杆长度大于2000mm时，必须加设斜栏杆柱。

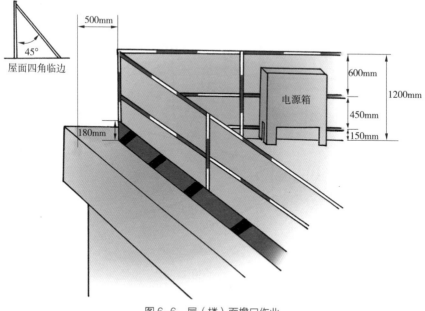

图6-6 屋（楼）面檐口作业

（7）必要时，临空一面应装设安全网，防护栏杆的内侧满挂密目安全网。

（8）作业现场无杂物堆放、电源接线规范、照明充足。

（二）作业行为要求

（1）在屋（楼）面上作业时，必须穿好防滑鞋，设专人监护。严禁单人作业。

（2）当屋（楼）面坡度大于25°时，必须采取防滑坠落措施。

（3）在屋（楼）面作业时，严禁背向檐口移动，如图6-7所示。

（4）严禁在屋（楼）顶檐口处探身作业，如图6-8所示。

（5）遇雨雪、大雾或风力达5级及以上等天气时，严禁在屋（楼）面上作业。

图6-7　背向檐口移动

图6-8　在屋顶檐口处探身作业

▌三、爬梯平台上作业

　　爬梯是指人们上下攀爬的梯子。人在攀爬梯子过程中的休息平台或空中作业平台，称为爬梯平台。

（一）作业现场要求（见图6-9）

（1）爬梯平台必须设置固定的3道钢质防护栏杆。

（2）立杆。立杆间距不大于2000mm。

（3）横杆。上杆距平台面1200mm，中间杆距平台面600mm，下杆距平台面200mm。

（4）爬梯平台上必须设高100mm踢脚板。

（5）爬梯平台用螺纹钢筋隔距、等距焊接牢固，或用格栅板、铁板满铺。

（6）必要时爬梯平台上装设固定的照明灯具。

（7）爬梯高于地面2.4m以上的部分应设有护圈。

图6-9　爬梯平台上作业

（二）作业行为要求

（1）上下爬梯必须抓牢，不得两手同时抓一个梯阶。

（2）作业人员必须佩戴工具袋，用完的工具应随手装入袋内，不得放在爬梯平台上，如图6-10所示。

图 6-10　用完的工具放在爬梯平台上

（3）严禁人员坐靠在爬梯防护栏杆上，如图 6-11 所示。

图 6-11　人员坐靠在爬梯防护栏杆上

（4）防护栏杆上不得拴挂任何物件，如图 6-12 所示。

图 6-12　防护栏杆上拴挂物件

（5）防护栏杆严禁作为起吊承载杆，如图 6-13 所示。

图 6-13　防护栏杆作为起吊承载杆

（6）作业中需要拆除防护栏杆时，必须采取可靠的临时防护措施，作业结束后应及时恢复，如图 6-14 所示。

图 6-14　拆除的防护栏杆作业结束后应及时恢复

（7）严禁在无防护栏杆或无临时防护措施的爬梯平台上作业，如图 6-15 所示。

图 6-15　在无防护栏杆或无临时防护措施的爬梯平台上作业

（8）严禁蹬踩或跨越防护栏杆作业，如图 6-16 所示。

图 6-16　蹬踩或跨越防护栏杆作业

（9）爬梯平台上的杂物应及时清理，严禁随意堆放物件，如图 6-17 所示。

图 6-17　爬梯平台上随意堆放物件

四、构架梁（管）上作业

构架梁（管）上作业是指在高于 2m 及以上悬空梁（管）架上，且无任何防护设施的场所处的作业。

（一）作业现场要求（见图 6-18）

（1）在构架梁上作业前，必须装设水平安全绳。安全绳宜采用带有塑胶套的纤维芯钢丝绳，并有生产许可证和产品合格证。

（2）水平安全绳两端应固定在牢固的构架上，与构架棱角的相接触处应加衬垫。

（3）水平安全绳应贯穿于构架梁（管），且用钢丝绳卡固定，绳卡数量应不少于 3 个，绳卡间距不应小于钢丝绳直径的 6 倍。

（4）水平安全绳固定高度为 1100 ～ 1400mm，每间隔 2000mm 应设一个固定支撑点，钢丝绳固定后弧垂应为 10 ～ 30mm。

（5）水平安全绳固定好后，应在绳上每隔 2000mm 拴一道红色布带，作为提示标志。

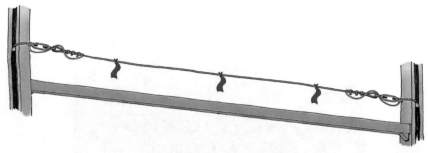

图 6-18　构架梁（管）上作业

（二）安全作业行为

（1）水平安全绳必须使用钢丝绳，严禁用棕麻绳或纤维绳等来代替，如图 6-19 所示。

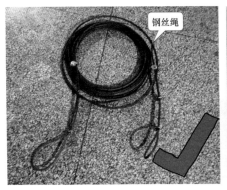

钢丝绳

棕麻绳

图6-19 水平安全绳

（2）在构架梁（管）上作业时，必须系好安全带，安全带应挂在水平安全绳上。移动或行走时必须使用双绳安全带，如图6-20所示。

图6-20 在构架梁（管）上作业时安全带的使用方法

（3）攀登构架时，必须将防坠器挂在垂直安全绳上，安全带挂在防坠器上。

（4）构架梁上未装设水平安全绳，严禁行走或作业，如图6-21所示。

未装设水平安全绳

图6-21　构架梁上行走或作业

第七章
洞口坠落防控

洞口作业是指距水平面的深度 2m 及以上的孔洞临边处的作业。洞口作业包括井、孔与洞作业，在井、孔与洞口临边处作业有可能发生坠落的人身伤害事件，称为洞口坠落。发电企业常见的洞口作业场所有起吊口、竖井口、预留口、污水井口、热水井口、阀门井口等。

一、作业现场要求

（1）洞口必须用坚实的盖板盖好，盖板表面应刷黄黑相间的安全警示线，如图 7-1 所示。

图 7-1　盖板

（2）洞口盖板掀开后，应在周边搭设牢固的防护围栏。防护围栏应满足以下安全要求（见图7-2）。

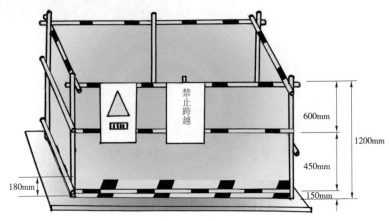

图7-2 防护围栏

1）洞口周边用钢管（$\phi 48 \times 3.5$）搭设带中杆的防护栏杆。

2）防护栏杆距洞口边不小于500mm。

3）立杆，高度为1200mm。洞口尺寸不大于2000mm时，中间设一道立杆；洞口尺寸大于2000mm时，立杆间距不大于1200mm。

4）横杆，上杆距基准面1200mm，中间杆距基准面600mm，下杆距基准面150mm。

5）踢脚板，高度为180mm。

6）必要时在防护栏杆外侧挂密目安全网。

7）悬挂安全警示牌，夜间装设红灯警示灯。

▎二、作业行为要求

（1）设置起吊口必须履行有关审批手续。严禁随意设置起吊口。

（2）发现洞口盖板缺失、损坏或未盖好时，必须立即盖好，如图7-3所示。

图 7-3　盖好洞口盖板

（3）严禁采用强度不合格的材料当作盖板使用，如图 7-4 所示。

图 7-4　采用强度不合格的材料当作盖板使用

（4）洞口盖板掀开后，必须搭设牢固的防护围栏，未搭设前应设专人监护，如图7-5所示。

（a）

（b）

图7-5　洞口盖板掀开后的做法
（a）正确做法；（b）错误做法

（5）严禁使用麻绳、尼龙绳等软连接来代替防护围栏，如图7-6所示。

图7-6　使用麻绳、尼龙绳等软连接来代替防护围栏

（6）严禁人员坐靠在洞口处作业，如图 7-7 所示。

图 7-7　人员坐靠在洞口处作业

（7）检修期间需拆除防护栏杆时，必须装设牢固的临时遮栏，并设警告标志。待检修结束后应及时恢复。

第八章
梯子上坠落防控

移动梯子是指临时登高用的直梯、人字梯、软梯等。在梯子上作业可能发生坠落的人身伤害事件，称为梯子上坠落。

一、作业现场要求

（1）梯子应半年检验一次，并贴有"检验合格证"标签。

（2）两梯柱的内侧净宽度应不小于280mm。

（3）踏板上下间距以300mm为宜，不得有缺档。

（4）梯子必须装设止滑脚。

（5）直梯支设角度以60°～70°为宜，且上端应放置牢靠，如图8-1所示。

（6）人字梯应具有坚固的铰链和限制开度的拉链，梯子支设夹角以35°～45°为宜，如图8-2所示。

（7）软梯必须每半年进行一次荷载试验。试验时以500kg的荷载挂在绳索上，经5min若无变形或损伤即认为合格。软梯的安全系数不得小于10。

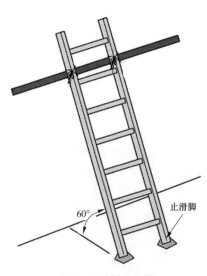

图8-1 直梯的放置

图 8-2　人字梯的放置

▌二、安全作业行为

（1）使用前必须检查梯子坚实、无缺损，止滑脚完好。不得使用有故障的梯子。

（2）人员必须登在距梯顶不少于 1m 的梯蹬上作业。

（3）严禁梯子垫高使用，如图 8-3 所示。

（4）严禁梯子接长使用，如图 8-4 所示。

（5）梯子不得放在通道口和通道拐弯处等，如需放置时应设专人看守，如图 8-5 所示。

（6）梯子不得放在门前使用，如需放置时应有防止门开碰撞措施，如图 8-6 所示。

（7）使用梯子时必须有专人扶持，如图 8-7 所示。

（8）上下梯子时应保持身体向里（面向梯子）背向外，下梯时不得半途跳下，如图 8-8 所示。

图 8-3 梯子垫高使用

图 8-4 梯子接长使用

图 8-5 梯子放在通道口和通道拐弯处时应设专人看守

图 8-6　梯子放在门前使用

图 8-7　使用梯子时必须有专人扶持

图 8-8　上下梯子时身体向里背向外

（9）严禁单手扶梯或手持物件上下梯，如图 8-9 所示。

（10）梯上人员应将安全带挂在牢固的构件上，严禁将安全带挂在梯子上，如图 8-10 所示。

图 8-9　手持物件上下梯

图 8-10　将安全带挂在梯子上

（11）严禁两人同登一梯，如图 8-11 所示。

（12）人字梯要有防滑锁链进行拉结，如图 8-12 所示。

图 8-11　两人同登一梯

图 8-12　人字梯要有防滑锁链进行拉结

（13）在梯上作业不便时需下梯后再移动梯子，严禁人在梯上时移动梯子，如图 8-13 所示。

（14）严禁在梯子的最高三层作业，如图 8-14 所示。

图 8-13　人在梯子上时移动梯子

图 8-14　在梯子的最高三层作业

（15）严禁将人字梯当直梯使用。

（16）严禁上下同时垂直作业，如图 8-15 所示。

（17）严禁使用凳子、台子、箱子、桶等作为垫具，如图 8-16 所示。

图 8-15　上下同时垂直作业

图 8-16　使用箱子等作为垫具

（18）严禁坐在人字梯顶部工作，如图 8-17 所示。

图 8-17　坐在人字梯顶部工作

（19）靠在管子上使用的梯子，其上端应有挂钩或用绳索缚住。

（20）严禁在悬吊式的脚手架上搭放梯子作业。

（21）软梯应挂在可靠的支持物上，在软梯上只准一个人作业。

第九章
拆除工程坠落防控

拆除工程是指对已经建成或部分建成的建（构）筑物进行拆除的工程。拆除工程分为人工拆除、机械拆除和爆破拆除。

（1）人工拆除。依靠手工加上一些简单工具（如风镐、钢钎、手拉葫芦、钢丝绳等）对建（构）筑物实施解体和破碎的方法。

图 9-1　爆破拆除

（2）机械拆除。使用大型机械（如挖掘机、镐头机、重外锤机等）对建（构）筑物实施解体和破碎的方法。

（3）爆破拆除。利用炸药爆炸解体和破碎建（构）筑物的方法，如图 9-1 所示。

▌一、作业现场要求

（1）拆除建（构）筑物的区域内必须设置物理隔离，设置安全警示标志和安全警示灯，并设专人看护，如图 9-2 所示。

（2）在人员密集点或人行通道上方进行拆除工程时，必须搭设全封闭防护隔离棚，如图 9-3 所示。

图 9-2　物理隔离

图 9-3　全封闭防护隔离棚

　　（3）拆除工程前，必须先将建（构）筑物内或脚手架上的水、电、汽、气、油全部隔离，且有明显的断开点。

（4）拆除现场使用的电源必须取自于拆除建筑物以外的其他可靠电源。

（5）水平作业各工位间必须有一定的安全距离，严禁交叉作业，如图 9-4 所示。

图 9-4　交叉作业

（6）用机械设备拆除作业时，回旋半径内严禁有人同时作业，如图 9-5 所示。

图 9-5　回旋半径内有人同时作业

（7）拆除工程必须设置专用的运输车辆通道。

▌二、作业行为要求

（1）作业人员必须佩戴安全帽、护目眼镜、手套、工作鞋等必要的个体防护用品。

（2）拆除工程现场必须设专人指挥。

（3）拆除作业时，人员应站在脚手架或其他牢固的架构上。

（4）拆除作业应严格按照拆除工程方案进行，应自上而下、逐层逐跨拆除，如图9-6所示。

图9-6 逐层拆除

（5）防护栏杆、楼梯和楼板应在同层建（构）筑物中最后拆除。

（6）人工拆除作业时，严禁采用掏掘墙体的方法进行，如图9-7所示。

图 9-7　采用掏掘墙体的方法拆除

（7）拆除作业中有倒塌伤人的危险时，应采用支柱、支撑等防护措施，如图 9-8 所示。

图 9-8　采用支柱、支撑等防护措施

（8）作业人员严禁直接站在轻型结构板上进行拆除作业，如图 9-9 所示。

图 9-9　直接站在轻型结构板上进行拆除作业

（9）人工拆除作业时，严禁数层同时交叉作业，如图 9-10 所示。

图 9-10　数层同时交叉作业

（10）对较大构件应用吊绳或起重机吊下运走，散碎材料应用溜放槽溜下运走。

（11）承重支柱和横梁必须在其所承担的全部结构和荷重拆除后才可拆除。

（12）脚手架应与被拆除物的主体结构同步拆除，如图 9-11 所示。

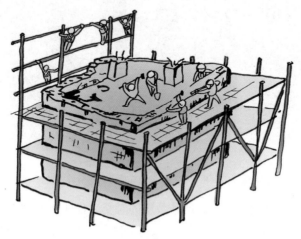

图 9-11　脚手架应与被拆除物的主体结构同步拆除

（13）拆下的物料不得在楼板上乱堆乱放，应及时清运，如图 9-12 所示。

图 9-12　拆下的物料在楼板上乱堆乱放

（14）爆破拆除作业前，必须设置安全警戒区域，疏散周边人员，设专人监护，如图 9-13 所示。

图 9-13　爆破拆除前的措施

（15）遇大雾、雨雪、6 级及以上大风等恶劣天气时，严禁拆除作业。

踏穿不坚实作业面防控

踏穿不坚实作业面坠落是指人员踩踏的作业面因承重强度不足被踏穿的坠落事件。发电企业常见的不坚实作业面场所有石棉瓦、彩钢板、瓦、木板、采光浪板等材料构成的屋顶，或受腐蚀烟道、步道等，如图10-1 所示。

图 10-1　不坚实作业面

一、作业现场要求

（1）上下不坚实作业面时，必须设置专用梯子通道，如图10-2 所示。

（2）在不坚实作业面上应装设宽360mm 及以上的止滑条踏板。

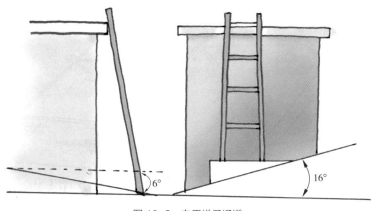

图 10-2　专用梯子通道

（3）沿不坚实作业面的踏板旁设置牢固的安全绳，如图 10-3 所示。

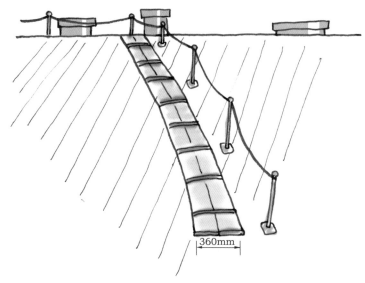

图 10-3　沿不坚实作业面的踏板旁设置牢固的安全绳

（4）在较大的不坚实斜面屋顶上作业时，需搭设牢固的防护护栏，如图 10-4 所示。

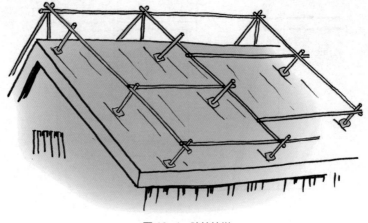

图 10-4　防护护栏

（5）必要时可在不坚实作业面的下方设置安全护网，如图10-5所示。

图 10-5　在不坚实作业面的下方设置安全护网

（6）为防止误登不坚实作业面，应在必要地点处挂上警告牌。

▌二、作业行为要求

（1）作业人员必须佩戴安全带，安全带应挂在安全绳上或牢固的构件上。

（2）严禁人员直接踩踏在不坚实的作业面，如图10-6所示。

图10-6 人员直接踩踏在不坚实的作业面

（3）距不坚实作业面边缘1m内作业时，应外设工作平台或使用梯子，如图10-7所示。

（4）在不坚实作业面上不得堆放杂物、物料等，如图10-8所示。

图 10-7　设置工作平台

图 10-8　在不坚实作业面上堆放杂物、物料等

第十一章
高处作业安全措施

高处坠落属于常见的事故之一，主要是由于高处作业人员未系安全带、违章作业、搭设的脚手架不合格、垫高物失稳、安全设施存在缺陷等所致，为了防止此类事故的发生，针对现场作业的特点制定以下安全措施。

一、安全管理措施

（一）个人能力要求

（1）高处安装、维护、拆除作业必须经过专业技能培训，并应取得"特种作业操作证"（高处作业），如图 11-1 所示。

图 11-1 特种作业操作证（高处安装、维护、拆除作业）

（2）登高架设作业人员必须经过专业技能培训，并应取得"特种作业操作证"（高处作业），如图 11-2 所示。

图 11-2　特种作业操作证（登高架设作业）

（3）搭设炉内升降平台的人员必须经过专业技能培训和考试，合格后方准作业。

（4）炉内升降平台、吊篮的操作人员必须经过技术培训和考核合格并取得有效证书。

（5）"特种作业操作证"是由国家安全生产监督管理总局统一印制，各省级安全生产监督管理部门负责本辖区的培训和发证。有效期为 6 年，每 3 年复审一次。

（6）高处作业人员必须经县级及以上医疗机构体检合格。凡患有高血压病、心脏病、贫血病、精神病、癫痫病等人员均不得上岗作业。

（二）着装要求

高处作业人员必须戴好安全帽，穿好工作服、防滑鞋，佩戴安全带，如图 11-3 所示。

（三）个体防护要求

高处作业个体防护用品主要有安全带、安全绳、防滑鞋。

1. 安全带

安全带是由织带、绳索和金属配件等组成，如图 11-4 所示。其主要部件包括安全绳、吊绳、围杆带、护腰带、金属配件、自锁钩带、缓冲器、防坠器。检验周期为 6 个月。

图 11-3　着装

图 11-4　安全带

　　使用安全带时，必须将安全带系在牢固的构件上，高挂低用，不得将绳打结使用。当安全带系绳超过 3m 时，应采用带有缓冲器装置的专用安全带，必要时可联合使用缓冲器、自锁钩、速差式自控器，如图 11-5~ 图 11-7 所示。

图 11-5　缓冲器　　　　　图 11-6　自锁钩　　　　图 11-7　速差式自控器

2. 安全绳

　　安全绳是用于挂安全带配套使用的长绳或水平安全绳。一般系吊用的安全绳采用合成纤维绳，水平安全绳采用钢丝绳，检验周期为 6 个月，如图 11-8 和图 11-9 所示。

图 11-8　安全绳（一）　　　　　　图 11-9　安全绳（二）

　　在高处特殊的危险场所（如构架梁上）作业时，作业人员必须将安全带挂在水平安全绳上。

在向上开口容器内或悬空作业时，作业人员必须将安全带挂在垂直安全绳上，同一条垂直安全绳上不得拴挂两个及以上安全带。

3. 防滑鞋

防滑鞋的鞋底宜采用凹凸波浪的橡胶材质，鞋底花纹必须起到防滑作用，符合国家劳动保护标准，如图 11-10 所示。

图 11-10　防滑鞋

（四）安全技能要求

（1）进入生产现场的人员必须进行安全教育培训，掌握相关的安全防护知识。

（2）高处作业人员必须掌握安全带、安全绳、防坠器的检查和使用方法。

（3）高处作业人员必须掌握脚手架检查和使用时的相关知识和注意事项。

（4）使用吊篮、高空作业车、移动平台等的作业人员必须掌握其检查、操作和使用时的相关知识和注意事项。

（5）使用梯子的作业人员必须掌握梯子检查和使用时的相关知识和注意事项。

（6）炉内升降平台作业人员必须掌握平台检查、操作和使用时的相关知识和注意事项。

（五）现场安全管理

（1）搭设脚手架必须由使用单位工作负责人办理工作票。对于大型脚手架必须编制"施工方案"，并经专业技术人员审批后，方可搭设。

（2）使用脚手架前，必须由搭设单位和使用单位共同验收，并挂验收合格牌。

（3）工作负责人必须组织工作班成员开展危险点分析，制定防控措施。

（4）工作负责人必须对工作班成员进行现场安全技术交底，确认现场安全措施完备正确。

二、安全技术措施

1. 作业前

（1）洞口应装设盖板并盖实，表面刷黄黑相间的安全警示线。盖板掀开后应装设刚性防护栏杆，悬挂安全警示牌，夜间应装设红灯警示。

（2）高处作业面应设有防护栏杆，作业面跳板满铺并固定牢固，作业区域下方设置警戒区域，并设专人看护。

（3）使用检验合格的吊篮（升降平台），安全保护装置齐全可靠，并配置独立安全绳。

（4）使用检验合格的高空作业车，安全保护装置齐全可靠。

（5）使用检验合格的梯子，梯子底脚应装有防滑套，梯阶距离不应大于400mm，并在距梯顶1m处设限高标志。架设单梯时，梯子与地面夹角为60°左右。

（6）在结构梁（管）上作业，如图 11-11 所示，必须装设水平安全绳（钢丝绳），两端应固定在结构架上，贯穿于结构架梁，且用钢丝绳卡牢固定。钢丝绳卡固定数量应不少于 3 个，绳卡间距不应小于钢丝绳直径的 6 倍，固定高度为 1100 ～ 1400mm，每间隔 2000mm 应设一个固定支撑点，钢丝绳固定后弧垂应为 10 ～ 30mm。

图 11-11 在结构梁上作业

（7）基坑（槽）临边应装设刚性防护栏杆，悬挂安全警示牌，夜间应装设红灯警示。

（8）对强度不足的作业面（如石棉瓦、铁皮板、采光浪板、装饰板等），必须采取加强措施，铺设跳板，增加作业立足面积。

2. 作业中

（1）高处作业人员必须穿好防滑鞋、系好安全带。安全带系在牢固的构件上，高挂低用。在不具备挂安全带的情况下，应使用防坠器或安全绳，将安全带挂在防坠器或安全绳上。

（2）指挥人员不得与高处作业人员垂直指挥，以防掉物伤人。

（3）使用脚手架时，同一架体上必须控制架上的作业人数，一般为2人，必须超过2人时不得超过9人。

（4）在脚手架上作业时，必须控制架体上的载重量，一般脚手架荷载不得超过270kg/m²。严禁超载使用。

（5）悬空作业时，必须将安全带挂在垂直安全绳上，同一条垂直安全绳上不得拴挂2个及以上安全带。

（6）使用吊篮作业时，安全带必须挂在安全绳上。吊篮内一般应2人作业，不得单独1人作业。

（7）使用高空作业车时，安全带必须挂在吊斗的专用固定环上。作业人员不得超过2人。

（8）使用梯子时，梯下必须设专人扶持，安全带挂在牢固的结构件上。禁止挂在梯子上。

（9）在构架梁上作业时，安全带必须挂在水平安全绳上，移动或行走时必须使用双绳安全带。

（10）攀登结构架作业时，必须将防坠器挂在垂直安全绳上，安全带挂在防坠器上。

（11）作业中必须与带电体保持安全距离，以防触电坠落。其安全距离见表11-1。

表11-1　　作业活动范围与危险电压带电体的安全距离

危险电压带电体的电压等级（kV）	距离（m）
≤10	1.7
35	2.0
63～110	2.5
220	4.0
330	5.0
500	6.0

（12）超高空作业时，必须装设摄像头视频监控系统，实时监控作业现场的安全状态。

（13）遇有 6 级及以上大风、暴雨、雷电、大雾等恶劣天气时，禁止室外高处作业。

3. 作业后

（1）工作结束后，拆除临时搭设的防护栏杆、安全绳或防坠器，拆除现场安全警戒区域。

（2）恢复作业中拆除的固定防护栏杆，盖好井坑洞孔盖板。

（3）收回工机具、材料和备件等，清理现场卫生，消除安全隐患，工作班成员全部撤离现场。

（4）工作负责人负责办理工作票终结手续。

防止高处坠落事故的相关内容

2014年4月15日，国家能源局印发了《防止电力生产事故的二十五项重点要求》（国能安全〔2014〕161号），其中，"防止人身伤亡事故"中的"防止高处坠落事故"内容如下：

（1）高处作业人员必须经县级以上医疗机构体检合格（体格检查至少每两年一次），凡不适宜高处作业的疾病者不得从事高处作业，防晕倒坠落。

（2）正确使用安全带，安全带必须系在牢固物件上，防止脱落。在高处作业必须穿防滑鞋、设专人监护。高处作业不具备挂安全带的情况下，应使用防坠器或安全绳。

（3）高处作业应设有合格、牢固的防护栏，防止作业人员失误或坐靠坠落。作业立足点面积要足够，跳板进行满铺及有效固定。

（4）登高用的支撑架、脚手架材质合格，并装有防护栏杆、搭设牢固并经验收合格后方可使用，使用中严禁超载，防止发生架体坍塌坠落，导致人员踏空或失稳坠落，使用吊篮悬挂机构的结构件应有足够的强度、刚度和配重及可固定措施。

（5）基坑（槽）临边应装设由钢管48mm×3.5mm（直径 × 管壁厚）搭设带中杆的防护栏杆，防护栏杆上除警示标示牌外不得拴挂任何物件，以防作业人员行走踏空坠落。作业层脚手架的脚手板应铺设严密、采用定型卡带进行固定。

（6）洞口应装设盖板并盖实，表面刷黄黑相间的安全警示线，以防人员行走踏空坠落，洞口盖板掀开后，应装设刚性防护栏杆，悬挂安全警示板，夜间应将洞口盖实并装设红灯警示，以防人员失足坠落。

（7）登高作业应使用两端装有防滑套的合格的梯子，梯阶的距离不应大于40cm，并在距梯顶1m处设限高标志。使用单梯工作时，梯子与地面的斜角度为60°左右，梯子有人扶持，以防失稳坠落。

（8）拆除工程必须制定安全防护措施、正确的拆除程序，不得颠倒，以防建（构）筑物倒塌坠落。

（9）对强度不足的作业面（如石棉瓦、铁皮板、采光浪板、装饰板等），人员在作业时，必须采取加强措施，以防踏空坠落。

（10）在5级及以上的大风以及暴雨、雷电、冰雹、大雾等恶劣天气，应停止露天高处作业。特殊情况下，确需在恶劣天气进行抢修时，应组织人员充分讨论必要的安全措施，经本单位分管生产的领导（总工程师）批准后方可进行。

（11）登高作业人员，必须经过专业技能培训，并应取得合格证书方可上岗。